AF245375

MUSÉE
PHRÉNOLOGIQUE
DE BRUXELLES.

MANIFESTE PHILOSOPHIQUE.

MANIFESTE PHILOSOPHIQUE

A L'OCCASION

DE LA PROCHAINE OUVERTURE

DU

MUSÉE PHRÉNOLOGIQUE

DE BRUXELLES,

PAR

D. A. Barthel,

Professeur de Philosophie expérimentale, membre correspondant des Sociétés Anthropologiques de Paris et de Londres.

> « Ne connaître ni soi-même ni les autres hommes , c'est ignorer la plus belle et la plus utile des sciences.
>
> Homme, connais-toi, toi-même et tes semblables ; observe la tête humaine, vois, examine les propriétés physiques du cerveau, c'est le critérium unique, ou plutôt c'est le code complet, inabrogeable, des droits et des devoirs constants , seuls légitimes, de tout mortel ! »

LISEZ, JUGEZ.

PRIX : 1 FRANC.

BRUXELLES,
CHEZ TOUS LES LIBRAIRES.

—

1839.

MUSÉE PUBLIC

DE

DESTINÉ

A DÉMONTRER LA VÉRITÉ ET LA VALEUR MORALE DE LA PHILOSOPHIE ANTHROPOLOGIQUE DES CONTINUATEURS DE GALL, ET A RENDRE L'ÉTUDE DE LA NOUVELLE ET VÉRITABLE SCIENCE DE L'HOMME, AUSSI FACILE QU'UTILE ET AGRÉABLE;

FONDÉ

par D. A. Barthel,

Professeur de Phrénologie, membre correspondant des Sociétés Anthropologiques de Paris et de Londres.

A BRUXELLES,
RUE DE LA MADELAINE, N° 56.

« S'il est permis de considérer l'homme
comme le roi de la terre, la science qui
nous apprend son organisation physique,
morale et intellectuelle peut, à juste titre,
se nommer la reine des sciences, et, dès
lors, être citée comme le complément *si
pas la base* de toute Éducation! Telle est
la Phrénologie. »

De toutes les connaissances qui honorent l'espèce
humaine et justifient au mieux le rang suprême que les
naturalistes de tous les temps lui ont assigné dans l'im-
mense échelle des êtres, l'Anthropologie, c'est-à-dire la
Science de l'homme physique, moral et intellectuel, au

point de vue phrénologique, bien que, sous tous les rapports, la plus digne et la plus utile de toutes, est restée cependant la moins cultivée, la moins répandue dans la société.

Si la négligence d'une étude aussi importante a trouvé longtemps son excuse dans l'état imparfait, vague ou contradictoire des innombrables traités que des esprits vastes, il est vrai, mais trop peu observateurs de la nature, ont écrit sur cette matière ; si, jusque dans ces derniers temps, le manque de preuves physiques, palpables, a fait négliger avec quelque raison, la première et la plus utile des sciences, il n'en est plus ainsi de nos jours de lumière réelle, où la Philosophie Anthropologique véritable a eu ses Gall, ses Spursheim, ses Broussais, et compte parmi ses nombreux disciples encore vivants, des Combes et des Vimont, des Bessières et des C. Broussais, des Fossati, des Gaubert, des Voisin, des Luchet, des Place, des Dumoutier, des Mackenzie, des Hoppe et milliers d'autres personnes instruites, en France comme en Angleterre, dans l'Ancien comme dans le Nouveau-Monde, qui sont toutes également à même de fournir les preuves matérielles de leur doctrine.

Aujourd'hui donc que, *grâce à la méthode expérimen-*

tale de Gall, la Philosophie Anthropologique, autrement dite la Phrénologie, est devenue l'expression pure de faits physiques observés, et toujours observables; aujourd'hui que les manifestations de l'esprit et du caractère de chaque individu, comparés à la configuration de son cerveau, et par suite à la forme extérieure de sa tête, viennent confirmer les vérités qu'elle enseigne et qui, pour le dire en passant, sont d'une application générale, il ne doit plus être permis de l'ignorer, encore moins de la rejeter, et cette science donnant seule la connaissance exacte de soi-même et des autres hommes, celle de la moralité de nos pensées, de nos désirs, de nos actes; celle des lois de la volonté humaine et du libre-arbitre de chacun, il est du devoir de tout le monde de bien la connaître, d'en suivre désormais tous les enseignements et de les faire servir à son bonheur privé comme au bien-être de tous.

Chaque jour l'importance de la Phrénologie est de mieux en mieux sentie. Depuis quarante ans qu'elle existe, les progrès qu'elle a faits sont immenses, eu égard à la somme de préjugés qu'elle avait à combattre, et aux nombreux obstacles qu'elle a rencontrés à son apparition. Peu d'années ont suffi pour la faire adopter en Angleterre, en Écosse, où l'on compte actuellement plus de cinquante sociétés, qui travaillent, à l'envi les unes des autres, à propager cette noble science. Paris, la savante, a accueilli la phrénologie avec enthousiasme, et, à l'exemple de la première des capitales, les villes principales de la France ont aujourd'hui leurs sociétés et leurs cours phrénologiques, à la tête desquels se trouvent placés les hommes les plus éminents, les personnes les plus capables et les plus dignes par leur caractère comme par leur savoir. L'Allemagne aussi est phrénologue, et là, comme en France et en Angleterre, ce sont les savants de premier ordre, les moralistes les plus distingués qui se font un devoir de la professer publiquement. En peu de temps la doctrine de Gall a fait grand nombre de prosélytes dans les pays de la Chrétienté; l'Italie a donc également pu sentir toute la valeur de la nouvelle anthropologie. De l'Europe, passons au Nouveau-Monde, où Spursheim, le digne élève de Gall, annonça le premier les belles découvertes de son maître, et ici encore l'établissement de sociétés et d'écoles Anthropologiques, nous prouvera que la Phrénologie, loin d'être repoussée, est reçue et considérée partout comme le héros d'une ère nouvelle, *le héros de l'ère de Gall*, sous les drapeaux duquel chacun a hâte de venir se ranger et combattre pour le triomphe de la plus grande comme de la plus nécessaire des vérités.

La Belgique, que l'histoire nous montre si avide d'activité, d'instruction et de progrès; la Belgique, dont l'amour pour le vrai, le beau, l'utile, est passé en proverbe; les Belges, disons-nous, n'auraient-ils pas à rougir si, en présence du mouvement phrénologique quasi-universel que nous venons de constater, ils restaient plus longtemps spectateurs inactifs des progrès Anthropologiques des autres peuples, *et le temps n'est-il pas venu pour eux, comme pour tous les habitants du globe, de savoir enfin ce que c'est que le genre humain, ce que c'est que l'homme, quelles sont les conditions matérielles de son activité, de ses sentiments, de ses pensées, quel est, en un mot, le but divin de sa création et les moyens physiques que Dieu lui a donnés pour répondre à sa haute destinée?* Nous nous sommes depuis longtemps prononcé pour l'affirmative, et jaloux de combler une lacune aussi grande que préjudiciable aux intérêts scientifiques et moraux de notre beau pays, jaloux de voir bientôt cultiver en Belgique, *une science qui est destinée à servir de base à toutes les actions humaines, comme elle sert déjà de règle de conduite aux personnes qui se distinguent le plus par leur moralité et leur bienveillante sagesse,* nous venons, sans autre titre que celui de phrénologiste, établir au centre de Bruxelles et du Royaume, un Musée Public de Phrénologie, non-seulement dans le but de prouver la haute moralité et la justesse physique de cette science, mais encore pour professer ses principes et en répandre l'utilité pratique dans toutes les classes de la société.

Notre Musée renferme tout ce qu'il y a de plus curieux et de plus intéressant en Phrénologie. On y trouve classés les bustes ou têtes, crânes et cerveaux moulés, de près de 300 individus, morts ou vivants, qui se sont fait remarquer par de bonnes ou mauvaises qualités et dont les signes extérieurs physiques ou organiques (*appréciation faite de l'éducation*, etc.) sont des plus frappants.

Difformités monstrueuses, idiots et crétins, fous ou maniaques, voleurs et assassins, suicidés même, viennent s'y montrer victimes d'une organisation vicieuse ou incomplète, que les circonstances malheureuses où ils se sont trouvés n'ont pu faire disparaître ou améliorer. Musiciens, Peintres et Sculpteurs, Architectes et Mathématiciens célèbres, y ont leur place à côté d'autres illustrations, tels que Poëtes Littérateurs, Philosophes et autres personnes de distinction dont la vie et les travaux sont généralement connus ; quelques têtes de femmes et d'enfants, prodiges de caractère, en moralité ou en savoir, viennent, avec les crânes moulés de quelques races humaines, clore une collection Phrénologique, qu'en simple curieux comme en homme d'étude, l'on peut venir voir tous les jours.

Après avoir visité ce musée, après avoir vu et examiné de près les faits nombreux qui s'y trouvent assemblés, et que nous nous ferons un devoir d'expliquer, l'homme intelligent et de bonne foi pourra-t-il douter un seul instant de la vérité et du mérite de la nouvelle doctrine anthropologique? Nous sommes loin de le croire, et étant persuadé au contraire que tant de preuves matérielles en faveur de notre science doivent frapper de conviction les esprits les moins impressionnables, les caractères les plus difficiles à convaincre; c'est avec la plus grande confiance dans les sentiments du public, que nous venons en faire l'exposition, et en recommander l'étude.

Qu'on n'aille pas croire qu'aux seules pièces du Musée se bornent les exemples de la justesse des découvertes de Gall et de ses continuateurs. Filles de la nature, les vérités phrénologiques ne sauraient se trouver uniquement dans le cabinet des disciples de la Nouvelle Philosophie : homminales, les vérités de la Phrénologie sont partout où est l'homme, et comme nous l'avons dit ailleurs, l'espèce humaine en général, chaque individu en particulier, est la preuve vivante de l'Anthropologie physiologique que nous venons enseigner.

Malgré tous les faits et expériences sur lesquels se

fonde la Phrénologie, malgré le caractère sacré et l'uni-
versalité de ses preuves, malgré enfin la sage moralité de
ses enseignements , il se peut qu'en Belgique aussi elle
rencontrera quelques individus qui, exemples d'audace et
de sottise, se hâteront de lui déclarer la guerre, et con-
tents ou non d'en avoir trouvé l'occasion , viendront, en-
traînés par une organisation vicieuse, renouveler contre
elle les objections et sophismes anti-philosophiques qui
ont été dits et redits cent fois, refutés et combattus de
même. Quoi qu'il en soit, que des attaques pareilles, bien
qu'odieuses au suprême degré , n'étonnent personne.
L'histoire, en nous apprenant le sort qu'ont subi dans
leur temps les belles découvertes des Galilée, des Har-
vey, des Newton et autres, tant appréciées de nos jours ,
nous prouve qu'à tous les âges du monde, l'intronisation
d'une vérité importante, a soulevé des opinions individuelles et des questions de parti plus ou moins véhémentes,
plus ou moins erronées ou hypocrites et égoïstes, et n'a
fini par triompher complétement de l'esprit régnant d'une
époque, que lorsqu'une génération à intelligence vierge
et progressive, est venue sanctifier les faits nouveaux, que
la mystérieuse nature avait laissé ignorer jusque là. La
Phrénologie, toute sainte qu'elle est, n'a donc pas pu et
ne saurait encore échapper à cette loi anormale de répro-
bation ; et, grande vérité, vérité destructive de toute es-

pèce de préjugés sur la nature et les facultés de l'homme, sur les besoins, les droits et les devoirs réels de l'humanité ; elle, plus que toute autre doctrine, a dû, et doit encore, jusqu'à certain point, rencontrer des obstacles à son entrée dans un monde avec lequel elle n'a pas encore pu se familiariser assez, et dont les habitudes, tant morales qu'intellectuelles, sont encore trop en opposition avec les principes philosophiques qu'elle vient émettre comme seuls vrais, et seuls dignes d'être crus et pratiqués.

Les adversaires connus de la Phrénologie, tous également ignorants en Anthropologie expérimentale ou pratique, sont de deux espèces : ceux qui rejettent entièrement la science, et ceux qui, sans la nier, se prononcent contre elle, pour l'un ou l'autre motif.

Les adversaires à venir appartiendront nécessairement à l'une de ces deux catégories.

Nous n'imiterons pas ceux de nos confrères qui combattent, par écrit, les objections ou préjugés anti-phrénologiques, que l'ignorance, l'orgueil et la malveillance, peuvent inspirer et mettre au jour. Puisque la nature de la science nous le permet, c'est par des faits que nous réfuterons les fausses assertions des antagonistes, et tranquilliserons les esprits timides.

Les pièces que renferme notre Musée seront celles que nous opposerons à toute attaque inconsidérée. Le jugement phrénologique que nous promettons de porter sur le premier venu, *voir les adversaires eux-mêmes*, est le dernier moyen auquel nous aurons recours pour convaincre les incrédules, et opérer des conversions certaines en faveur de la Nouvelle Philosophie de l'homme.

Il nous est arrivé quelquefois d'entendre dire, d'un air de mépris ou d'indifférence : La Phrénologie est encore imparfaite, conjecturale, et offre par conséquent peu d'utilité. Comme ce sont là de ces phrases qui, quoique prononcées par des hommes évidemment ignorants des principes et des progrès de cette science , parviendraient (attendu le grand débit que les ennemis de la Phrénologie paraissent en faire) à jeter de la tiédeur dans l'esprit de ceux qui seraient portés à l'étudier, nous allons essayer de les dépouiller de tout le venin qu'elles renferment :

Que le public ne se laisse pas prendre au piége de nos adversaires, par l'imputation , au moins malveillante, de l'imperfection de la Phrénologie ; qu'il se rappelle bien que , tout imparfaite que la trouvent nos ennemis, elle est assez complète pour dévoiler en eux les vices physiques et moraux qui les distinguent, et dès lors, que les points douteux qu'on lui prête ne doivent pas être d'une bien grande importance. Au surplus, qui ne le sait? La Phrénologie subit le sort de toute science d'observation, c'est-à-dire que, semblable à l'astronomie, la chimie, la physique, elle aussi présente des lacunes que le temps seul permettra de combler.

Hâtons-nous d'ajouter que les imperfections qu'elle peut offrir ne sont heureusement que de peu de valeur, ne consistant, en général, que dans l'incertitude où nous sommes sur le siége précis de quelques organés de la vie végétative, ainsi que dans la difficulté de trouver des termes bien propres pour désigner certains organes, dont les fonctions (ce qui est la chose principale) sont, du reste, suffisamment senties par tout Phrénologiste judicieux.

La Phrénologie offre peu d'utilité ! ! !

Est-ce donc peu utile de connaître quels sont les *seuls et véritables* devoirs que l'homme ait à remplir ici bas envers Dieu son créateur, (*devoirs moraux ou religieux*) envers ses semblables (*devoirs sociaux ou politiques*) et envers lui-même, (*devoirs individuels*) et de savoir ainsi le

2.

degré de moralité ou de justesse physique 1o des enseignements et des dogmes de tous les Cultes; 2° des chartes,
lois et institutions de tous les Gouvernements , et 3o des
désirs et actes, des avis et conseils de soi-même comme
des autres hommes ?

Est-ce peu utile au philosophe-moraliste de savoir que
l'homme est un, c'est-à-dire que l'âme et le corps, l'esprit
et la matière, le physique et le moral , chez lui comme
chez tous les êtres se trouvent intimement liés ; que les
nerfs étant le siége de la sensibilité, les instruments de la
vie végétative, des mouvements volontaires, des cinq sens
dits sens extérieurs, le cerveau, récipient commun auquel
viennent aboutir tous les nerfs, et par conséquent le centre de toutes les sensations, est l'organe immédiat des facultés intellectuelles et morales de l'homme comme des
autres animaux ?

Est-ce peu utile de savoir que le cerveau est une réunion de nerfs différents , c'est-à-dire un composé d'organes d'où procèdent un nombre déterminé de facultés
distinctes, et que c'est de la différence de sa forme, c'est-
à-dire du plus ou moins grand développement de telles
ou telles parties cérébrales, de la conformation et du fonc-
tionnement plus ou moins harmonieux de ces mêmes par-

ties entr'elles, ainsi que de leur état plus ou moins sain, plus ou moins délicat, que résultent toutes les variétés, toutes les nuances, tous les contrastes que nous remarquons dans l'activité et le talent, la moralité et l'intelligence des hommes ?

Est-il peu utile de savoir que les facultés, morales comme intellectuelles, sont innées, et que les sensations ou les impressions, soit intérieures, soit extérieures, tels que l'éducation, les exemples, etc., leur fournissent seulement des occasions de manifestation, de développement, de régularisation ou de désordre ?

Est-ce peu utile de savoir que l'énergie ou la puissance de chaque faculté est en rapport direct (*toutes conditions égales d'ailleurs*) avec le volume des nerfs ou de l'organe à l'aide desquels chacune d'elles se manifeste, et que plus un organe est grand, plus il a de tendance à l'activité et veut être satisfait ?

Est-ce peu utile de savoir que l'exercice d'une faculté augmente peu à peu le volume, la propriété, la puissance des nerfs qui lui servent d'organe, comme l'inactivité ou la non satisfaction d'une faculté, occasionne l'affaissement, la diminution, l'atrophie de ces mêmes nerfs ou organes cérébraux, et qu'ainsi en s'occupant phrénologiquement

et de bonne heure de l'éducation d'un individu où les facultés animales l'emporteraient en volume et partant en
puissance, sur les organes des sentiments et de la raison,
propres à l'homme, on peut encore atteindre un assez
haut degré d'amélioration ou de perfection du caractère
des personnes ainsi conformées?

Est-ce peu utile de connaître au juste la situation et la
fonction de chaque organe, ainsi que les conditions matérielles et morales qui sont indispensables pour qu'ils agis-
sent avec raison et vertu?

Est-ce peu utile de savoir que la volition humaine, et
par suite la volonté individuelle, dépend de l'organisation
physique de l'encéphale; que ce sont les différents organes cérébraux qui la constituent en fournissant chacun
un *contingent de vouloir*, du caractère et de l'intensité, de
la nature et du volume ou degré d'activité qui leur est
propre, de sorte que *sans jamais être absolue*, elle est
plus ou moins grande, sage ou vicieuse, suivant que la
constitution physique du cerveau, et l'éducation ou les
circonstances extérieures qui en sont les modificateurs,
sont plus ou moins normales, plus ou moins complètes,
bonnes ou justes?

Est-ce peu utile de connaître les lois de la volonté humaine avec une exactitude telle, que celui qui sait jusqu'à quel point le crâne est l'image fidèle du cerveau, peut, par la seule inspection de la surface extérieure de la tête d'un individu quelconque, donner l'histoire de ses tendances naturelles, dire les imperfections de son organisation physique, morale et intellectuelle, et prescrire les règles les plus rationnelles et les plus puissantes pour les faire disparaître ou diminuer?

Est-ce peu utile de savoir que le développement des divers organes cérébraux, d'où dérivent les penchants, les sentiments et l'intelligence des hommes, est partiel et non point simultané, ainsi que de connaître l'ordre progressif de leur développement, qui est la cause physique des changements que subit la physionomie comme le moral de l'individu, aux différentes époques de son existence?

Est-ce peu utile de savoir que ce développement successif des organes aux diverses phases de la vie, constitue cette diverse série de caractères, de penchants et de capacités, propres aux différents âges, depuis l'enfance, l'adolescence, la virilité, jusqu'à la sénilité, et par suite ce que l'on doit rationnellement attendre de chacun à ces

périodes différentes , périgée et apogée , de tout individu ?

Est-ce peu utile de savoir que, lorsque l'homme commet
un crime, un vol ou une mauvaise action quelconque, ce
sont 1° La Nature en le douant d'une organisation vicieuse
ou incomplète ; 2° la Société en l'abandonnant à lui-même,
au milieu de vicissitudes et d'injustices de toutes espèces,
sans éducation ni bien-être matériel, qui sont les premiers
coupables, et conséquemment, *qu'au lieu des condamna-
tions barbares* aux fers ou à la guillotine, il faut et cette
éducation et ce bien-être; *au lieu des emprisonnements
infructueux et inhumains il faut des écoles forcées de perfectionnement moral, intellectuel et industriel?*

Est-ce peu utile de savoir que personne n'ayant une
volonté absolument indépendante, nul ne s'étant fait
soi-même, chacun étant, avant tout, le résultat d'une
organisation physique qu'il tient de Dieu seul, et à laquelle il ne lui est pas toujours possible de donner le
degré de perfection voulu, *l'indulgence et les avis bien-
veillants, sont* par suite, *les premiers devoirs de l'homme
social?*

Est-ce peu utile de démontrer la cause de la dissemblance de caractère entre les sexes, dans des dissemblances organiques affectées à l'encéphale et ses dépendances, et de leur fournir ainsi des motifs puissants de tolérance les uns à l'égard des autres ?

Est-ce peu utile de se connaître soi-même, de pouvoir se convaincre, par des preuves matérielles, des défauts dont nous avons à nous corriger, pour être dignes de Dieu et des Sages ; de connaître les facultés dont nous sommes doués et la place que leur activité bien dirigée peut nous donner dans la hiérarchie sociale?

Est-ce peu utile d'en savoir tout autant de nos parents, de nos frères, de nos sœurs, etc. ?

Est-ce peu utile que de désabuser tant de personnes, lesquelles, trompées, soit par les premiers errements des fondateurs de la science, soit par les interprètes maladroits de la phrénologie, soit plutôt par les préjugés qui circulent, répandus à dessein par nos antagonistes, ou séduites peut-être par quelques noms d'organes mal-interprétés, ont, en méconnaissant l'ensemble des organes, l'harmonie de leur jeu, leur combinaison et leurs influences réciproques, appliqué faussement la théorie, se sont efforcées à trouver, dans la configuration crânienne des individus, des *bosses* correspondantes à chacune de leurs actions, accusant la phrénologie quand les faits ne venaient point confirmer leurs recherches, et abandonnant dès lors l'étude d'une science dont elles récusaient la véracité et dont elles devenaient par suite, injustement, les détracteurs jurés?

Est-ce peu utile de savoir que les appareils organiques de nos sentiments et de notre savoir, de nos désirs et de notre volonté, sont vivifiés, activés, modifiés, régis, par des fluides nerveux particuliers, analogues aux divers fluides impondérables de la nature; que chaque organe du moral de l'homme sécrète un fluide nerveux de la nature de la faculté qui lui est inhérente, c'est-à-dire un fluide répulsif ou attractif, affectif ou intellectuel, suivant que la nature de la fonction de l'organe sécréteur est animale ou homminale, individuelle ou sociale, égoïste ou généreuse, etc., que ce fluide est d'autant plus puissant (*toutes conditions égales d'ailleurs*) que l'organe dont il découle est volumineux et actif, et par suite, que la volonté humaine et le libre-arbitre de chacun, *soumis aux mêmes lois physico-magnétiques que tous les êtres ou toutes les substances de la nature*, n'est autre chose que le fait physique d'agir et de se sentir agir *avec plus ou moins d'intelligence*, au gré combiné des propriétés *innées* de son cerveau et des circonstances ou des impressions extérieures matérielles et morales, qui sont les modificateurs naturels de ces mêmes propriétés cérébrales ?

Est-ce peu utile de savoir que, de la réunion des organes des sentiments propres à l'homme, il résulte un fluide nerveux général, de nature opposée à celui que produit l'agglomération des organes qu'il partage avec les brutes, et qu'ainsi les propriétés physiques du cerveau nous représentent, avec des modifications, et les pôles électro-magnétiques, et le galvanisme, et le voltaïsme, et les électricités positive et négative, majeure et mineure, statique et dynamique, etc., de la nature ?

Est-ce peu utile de savoir que parmi les facultés de l'homme, les unes lui sont communes avec les animaux les plus inférieurs, d'autres avec les animaux supérieurs, d'autres enfin qui lui sont propres, et que, plus l'homme cède à des facultés supérieures, plus il se relève lui-même, plus il est *homme généreux, ou être attractif;* au contraire, plus il obéit à des facultés inférieures, plus il s'abaisse, plus il est animal, *homme égoïste ou être répulsif?*

Est-ce peu utile de savoir que l'homme n'a reçu aucune mauvaise faculté, que toutes ont droit d'exister, d'être satisfaites et de se développer, et que *leur activité harmonieuse, complète ou générale*, constitue le bonheur, le plaisir, comme l'inactivité, la non-satisfaction ou l'excès d'activité d'une ou de plusieurs, fait souffrir, et rend plus ou moins malheureux?

Est-ce peu utile de savoir qu'aucun organe de l'esprit ou des sentiments ne peut remplir ses fonctions convenablement, sans être guidé par une raison éclairée, et que tous les hommes présentant des dispositions organiques différentes, plus ou moins vicieuses, il est indispensable, non-seulement, de donner à tout le monde une bonne éducation, mais encore de modifier l'instruction suivant les exigences de la constitution cérébrale ou du caractère de chacun?

Est-ce peu utile de savoir que Dieu a doué l'espèce humaine d'un faisceau de nerfs cérébraux dont les propriétés physiques, harmonieusement développées et actives, constituent le code complet des seuls et véritables devoirs que l'homme ait à remplir ici-bas, des seuls et véritables besoins qu'il soit appelé à satisfaire pour son bonheur propre comme pour celui de ses semblables, et qu'ainsi la phrénologie, qui est la science des fonctions du cerveau, doit seule servir de base aux désirs et aux actes, aux lois et aux institutions, politiques ou religieuses, de l'homme et de la Société?

Est-ce peu utile d'éviter aux Philosophes le cercle vicieux des abstractions, en dotant la philosophie d'une base certaine pour l'appréciation des termes concrets et abstraits, qui soit un guide sûr dans leur application ?

Est-ce peu utile de posséder enfin une Philosophie Anthropologique dont les principes fondamentaux, aussi utiles que vrais et invariables, viennent détruire, pour toujours, les savantes mais frivoles et dangereuses rêveries des Métaphysiciens, Spiritualistes, Théologiens et autres P hilosophes psycologistes qui, *trompés par l'activité dominante des organe s cérébraux de la région supérieure du front, et quelques autres dispositions organiques anormales*, que nous explique la phrénologie, ont produit autant de systèmes philosophiques différents, qu'ils présentaient entre eux des conformations cérébrales différentes; chacun d'eux, soit par inscience, soit par orgueil ou égoïsme, prenant l'esprit et les sentiments de son *moi* imparfait, pour le type des qualités normales propres à l'espèce humaine?

Est-ce peu utile de prouver l'ignorance, l'impuissance

et le danger de l'éducation morale que la société donne, et par suite de *faire sentir combien il est nécessaire* pour le perfectionnement du cœur humain (c'est-à-dire du cerveau), et pour la tranquillité publique *de fonder des écoles moralisatrices normales, où tout le monde irait puiser les principes rationnels d'une morale conforme aux révélations de la Nature, Autorité seule bonne à suivre en toute chose?*

Est-ce peu de chose d'apprendre non-seulement combien est malentendue et nuisible à l'individu comme à la société entière, l'éducation actuelle des femmes, mais encore, quel est le genre d'instruction qu'il importe de donner à cette noble et digne moitié du genre humain, pour diminuer l'activité tyrannique des organes affectifs inférieurs et nommément ceux de la fermeté, de l'estime de soi et de l'amour de l'approbation, qui suscitent en elles ces velléités fugitives non motivées, dégénérant souvent en tenacité; cette soif insatiable de gloire, de distinctions, de domination, de louanges; ce caractère irritable, vindicatif, etc. : les facultés du jugement et des sentiments élevés étant, en général, encore plus passives dans ce sexe que chez le commun des hommes?

Est-ce peu utile d'apprendre à la femme que Dieu

l'ayant douée, plus que l'homme, des organes des affections familiques et notamment de celui de la philogéniture,
afin qu'elle accomplît avec plus de courage et de dévoue-
ment la tâche pénible de la maternité, etc., n'a pu le faire
qu'au détriment des hautes facultés intellectuelles, et
qu'ainsi elle doit subir avec résignation la supériorité de
l'homme, chez qui l'harmonie entre les organes est plus
complète, dont l'intelligence et les sentiments sociaux
contrebalancent avantageusement les instincts et passions
égoïstes ou individuelles, et qui, par suite, est à même
d'agir avec plus de calme, avec plus d'énergie, d'indé-
pendance et de raison?

Est-ce peu de chose de démontrer que les livres, les
assertions, les idées, quelqu'anciens qu'ils soient, quelles
que soient aussi les personnes qui les soutiennent ou les
recommandent, sont instables, faux et nuisibles au bonheur
des hommes, toutes les fois qu'ils se trouvent en désaccord
avec les lois ou les révélations de la nature; que les
connaissances physiques et celles qui en découlent en
ligne rationnelle, sont seules vraies, seules utiles au
monde, et partant *que la fondation de colléges publics* dont
les enseignements seraient basés, d'une part sur la science
exacte de l'esprit et des sentiments humains, (*la physique
anthropologique*), et de l'autre sur la connaissance expé-

3.

rimentale des qualités et des rapports des êtres ou objets de la nature, ainsi que des lois divines qui les régissent (*la physique générale*); *que l'établissement de pareilles écoles*, disons-nous, *est indispensable pour l'entière civilisation des hommes, ou le perfectionnement normal, intellectuel et moral, de l'espèce humaine?*

Est-ce peu de chose de savoir que tous les animaux, *et surtout l'espèce humaine*, sont doués d'un appareil de sensibilité ou de sentiments de diverses natures, au moyen desquels Dieu, la Cause des Causes, ne leur permet pas de faire la moindre action pour ou contre les Lois de la Nature, pour ou contre la Morale, qui n'emporte avec elle le plaisir ou les peines qui sont attachés à leur observation ou à leur infraction, et que le bien et le mal, la vertu et le vice étant jugés, récompensés et punis dès cette vie, l'homme porte en lui-même les motifs engageants d'une conduite irréprochable ?

Est-ce peu utile de savoir physiquement, c'est-à-dire d'une manière certaine, incontestable, que le but divin de la création de l'homme, a été de rendre tout le monde heureux, et que les peines et les malheurs dont chacun a plus ou moins à se plaindre ici-bas, sont le résultat d'une ou de plusieurs infractions aux lois ou aux vérités de la

Nature, dont la stricte observation est indispensable au bonheur individuel et social?

Est-ce peu utile de pouvoir dire, en considérant les propriétés physiques normales du cerveau de l'homme, ainsi que les lois de son activité ou de son développement, ce qu'a été le genre humain, ce qu'est actuellement et ce que sera un jour l'humanité entière?

Est-ce peu utile de pouvoir répondre enfin, preuves physiques, matérielles, à l'appui, aux questions suivantes, qui ont vainement occupé les philosophes de tous les temps: Qu'est-ce que l'homme? D'où vient-il? Où va-t-il? Qu'est-ce que l'âme humaine? Qu'est-ce que le *moi*? Qu'est-ce que le libre-arbitre ou la volonté de l'homme? Quelles sont les conditions matérielles ou morales de sa vie, de son activité, de son savoir, de ses sentiments, etc.?

Est-ce peu utile d'apprendre au Médecin comme à toute autre personne, que la plupart des maladies proviennent de l'activité anormale, c'est-à-dire de l'activité, ou trop faible ou trop intense, de quelques facultés de l'esprit ou des sentiments, qui ont leur siége dans le cerveau, ou dans la tête, dont l'observation phrénologique fait connaître les vices organiques, qui sont les plus capables de jeter le trouble dans les diverses parties du corps, et par suite, que les deux régimes, moral et alimentaire, sont, tout à la fois, et préservatifs et curatifs des altérations de la santé?

Est-ce peu utile à l'humanité de prouver que, les aliénations mentales, les folies générales ou partielles, provenant de l'état morbide des nerfs cérébraux, soit par cause directe, soit par synergie, et la phrénologie donnant la connaissance exacte des fonctions du cerveau à l'état de santé, il est indispensable au médecin de posséder cette science pour bien comprendre et traiter les maladies de ce genre ?

Est-ce peu de chose d'éclairer les médecins dans le diagnostic des anaphrodisies et les cas difficiles de l'érotomanie, de la nymphomanie et autres états morbides résultant, soit de dépravations, surexcitations ou affaiblissement de la faculté générique, soit même par faiblesse ou excès de volume de l'organe de l'*amativité*; ainsi que dans les nostalgies par lésion des organes des affections familiques , etc. ?

Est-il peu utile à ceux qui s'occupent de sciences Anthropiatriques et notamment de magnétisme-physiologique, de savoir qu'on ne doit chercher et qu'on ne peut obtenir que les phénomènes que comporte la constitution cérébrale, et des personnes qui Magnétisent, et de celles à l'aide desquelles ces phénomènes sont produits, et par suite, qu'il est indispensable au magnétiseur de connaître la phrénologie, qui seule peut lui donner les connaissances anthropologiques nécessaires à l'exercice de son art?

Est-ce peu utile d'apprendre aux hommes leurs influences cérébro-magnétiques réciproques selon leurs organisations diverses et les résultats qui en découlent et modifient leurs manifestations?

Est-ce peu utile de savoir, par conséquent, que les organes en activité éveillent les organes similaires d'individu à individu; ainsi, la ruse excitant la défiance, la bonté entraînant la confiance, etc. (phénomènes providentiels généralement nommés effets sympathiques ou antipathiques)?

Est-ce peu utile de savoir que cette suractivité des organes, éveillés cérébro-magnétiquement, continue son effet jusqu'au parfait équilibre de cette activité, c'est-à-dire jusqu'à fusion et similitude des sentiments et des idées des individus entre eux; d'où résulte le danger ou l'avantage des bonnes ou des mauvaises fréquentations, etc.?

Est-ce peu utile que d'enseigner aux artistes, peintres et sculpteurs, la clef des beaux-arts; de leur apprendre à imprimer à leurs œuvres un stygmate de vérité, par l'observation des lois phrénologiques, qui seules constituent l'être matériel et moral qu'ils ont à représenter?

L'Instituteur peut-il être bon éducateur de l'esprit et du moral de ses élèves, s'il ne connaît pas la Phrénologie, qui seule le met à même d'apprécier avec précision, non-seulement ce qu'est un élève, mais encore ce qu'il doit être?

Sans la Phrénologie les parents ne sont-ils pas exposés à donner à leurs enfants une éducation, une position, un état peu en rapport avec leur organisation?

La Phrénologie ne donne-t-elle pas à chacun une juste idée de ce qu'il vaut, et quelle est la place à laquelle il a droit de prétendre dans la société?

Cette science ne doit-elle pas guider l'homme dans le

choix d'une compagne, la femme dans le choix d'un mari,
et diminuer ainsi le nombre des unions mal assorties?

Ne doit-elle pas diriger les personnes dans leurs rela-
tions industrielles ou purement amicales, et préserver
ainsi bien du monde des mauvaises affaires ou des liaisons
dangereuses que l'ignorance en anthropologie, d'une part,
et la mauvaise foi, de l'autre, ne rendent que trop fré-
quentes?

N'apprend-elle pas aux supérieurs à choisir des subal-
ternes convenables, et à ceux-ci ce qu'ils doivent craindre
ou espérer des engagements qu'ils ont à contracter?

Nous le répétons, l'homme peut-il avoir un besoin plus
grand que celui de se connaître lui-même? Est-il une
chose plus nécessaire que de savoir quelles sont les lois
de la volonté humaine et les écarts nombreux dont elle est
capable; quelle est la valeur morale de chacune de nos
pensées et de la moindre de nos actions; quelle est enfin
la route, la seule ouverte, pour obtenir la confiance publique, pour gagner la considération et l'estime générales, et parvenir à tous les honneurs auxquels le sage
aspire, et que la raison ou la conscience publique ne peut
qu'approuver?

Est-ce donc peu utile que d'éclairer et seconder les Législateurs dans l'amélioration de l'homme, en marchant aux premiers rangs des réformateurs pacifiques : presse, tribunaux, spectacles, moralistes, corporations scientifiques ou autres, qui s'efforcent si péniblement à cette œuvre rénovatrice?

Enfin, pour corollaire de tout ce qui précède, est-ce peu utile d'apprendre aux hommes à s'élever à Dieu par la contemplation de ses œuvres et la connaissance de l'harmonie divine de la Nature, dont la Phrénologie, mieux à elle seule que toutes les autres sciences réunies, porte le cachet indélébile; de leur montrer la loi irréfragable qui les conduit irrésistiblement au bien et à la vertu, *sous des peines appliquées à l'instant même des infractions commises,* et de conduire progressivement les sociétés humaines à l'asservissement des organes animaux, par l'activité dominante des sentiments plus élevés et de la haute intelligence dont l'homme possède seul le privilége, pour les rendre, le plus possible, dignes de Dieu, leur créateur et leur fin? . . . . . .

Après tant d'arguments en notre faveur, notre conclusion est celle-ci : La phrénologie est d'une utilité capitale, incontestable, d'une utilité générale, éternelle, et il n'y a que ceux qui ne la connaissent que de nom, ou moins encore, qui peuvent avoir la coupable audace de lui nier cette toute-puissante qualité.

Si quelqu'un, ami ou ennemi de la nouvelle science de l'homme, nous disait que, dans certains cas, la Phrénologie, bien que d'un mérite universel, ne peut encore s'appliquer qu'en partie, c'est-à-dire en mariant ses principes rationnels et finals aux principes anormaux qui existent actuellement et qu'on ne pourrait abandonner brusquement sans mécontenter un trop grand nombre de volontés contraires, ou jeter le pays dans une position à la fois fausse et ruineuse vis-à-vis les nations qui n'adopteraient pas les mêmes mesures; si, disons-nous, on nous observait qu'il est encore impossible de régler la société d'après les données positives de la Nouvelle Philosophie et des lois naturelles en général; certes, nous nous montrerions insensé nous-même, utopiste ou ultra-libéral à notre tour, que de ne pas être de l'avis des personnes qui parleraient ainsi. Nous avouerons donc, en souffrant avec tous ceux qui souffrent des injustices, des préjugés et des anomalies de toute espèce qui ont jusqu'ici affligé le monde, inondé et dirigé les sociétés, que notre opinion à nous aussi est que, dans certains cas et pour certaines choses, (en politique, par exemple), la Phrénologie doit encore se con-

tenter de l'application partielle de ses règles, et par suite
que d'ici à l'époque possible de la voir régner en Souve-
raine, guidant et le Trône et l'Autel, commandant à tous,
pour tous et partout, il y a du chemin à faire, du temps,
bien du temps à passer ; et que l'arrivée probable d'un si
saint état de choses, certes le seul où l'homme compatissant puisse se dire entièrement heureux, que cet état,
disons-nous, ne peut guère avoir lieu avant 100, 150,
200 ans d'ici, trois siècles et plus sans doute, si, législateurs et moralistes pouvaient proscrire l'étude des
sciences positives, et surtout celle de l'homme, qui doit
indubitablement amener le phénomène cérébro-moral de
la Fraternité, le phénomène divin de l'Association Universelle (1) !

----

(1) L'Association fraternelle des peuples, le Gouvernement Unitaire-
Universel *à venir*, a longtemps été taxé d'utopie, d'ultracisme ou de
rêverie absurde, que des soi-disants cerveaux malades, dignes de l'enclos
de Charenton, se plaisaient à débiter. Les rétrogradistes insouciants qui,
dans leurs vues étroites et égoïstes, se chargent si volontiers de la distri-
bution des épithètes calomnieuses qui attendent tout libéral progressif
consciencieux, ignorent-ils donc que la loi du développement des propriétés physiques, intellectuelles et morales du cerveau est essentiellement progressive, généreuse, unioniste ? ue l'homme est un être essentiellement sociable, religieux, compatissant, qui, instruit comme il peut
l'être de ses véritables besoins, des lois de son activité normale et des
bienfaits qui sont attachés à leur stricte observation . ne demanderait
pas mieux que de vivre sous des réglements et des institutions fraternels,
où l'intérêt particulier ne se trouverait plus en opposition avec l'intérêt
général , où une bienveillance éclairée aurait remplacé les sentiments

Que les détails philosophiques où nous sommes entrés pour mieux réfuter les objections contre la Phrénologie, ne fassent pas croire que notre intention est autre que d'enseigner les règles de la Nouvelle Anthropologie, purement et simplement; c'est-à-dire sans vouloir nous occuper en rien de ses conséquences pratiques sociales à

---

repoussants d'un froid égoïsme, et qui assureraient à chacun la part de bien-être matériel et de bonheur moral que l'Auteur de la Nature concède à tous avec une égale justice? Les optimistes politiques ne voient-ils pas que le commerce devient de jour en jour plus précaire? que le manque de débouchés est une plaie commune à toutes les nations qui, loin de se fermer et guérir, menace de devenir incurable par l'établissement de fabriques, d'usines, etc., dans des pays qui, naguère encore, allaient se pourvoir chez leurs voisins? Ne sait-on pas que la stagnation du commerce, si elle ruine et le fabricant et le marchand, est mortelle surtout pour la classe ouvrière qu'elle laisse sans moyen d'existence aucun; et que ce malaise, atteignant peu à peu tous les pays, ne peut manquer d'éveiller l'attention générale, et, par suite, la sagacité des Législateurs qui ne pourront y porter un remède réel sans se rapprocher de l'esprit des lois divines, ou de l'association prophétisée? La substitution des machines aux bras de l'homme, les chemins de fer, les inventions de toute espèce, les sciences positives, la tendance des gouvernements à terminer pacifiquement toutes les collisions internationales, et la presse, cette puissance intellectuelle que rien n'arrête dans ses progrès, ne sont-ce pas là autant d'éléments de réforme qui doivent entraîner l'humanité dans la voie de *l'unionisme politique* en question? Enfin, l'Éducation Philosophique rendue commune à tous, l'instruction humanitaire, suivant la Phrénologie et les sciences physiques en général, devenue populaire dans tous les pays; l'unité hommale, l'unité universelle et leurs conséquences logiques enseignées publiquement, ne sont-ce pas des événements *à venir*, quasi-contemporains, qui ôtent jusqu'à l'ombre d'un doute sur l'arrivée future de l'époque réformatrice normale de la société?

venir. Qu'on se garde d'y voir des projets de trouble contre l'ordre social actuellement existant, ou des excitations à l'irrespect de qui que ce soit.

Si les vérités fondamentales que la Phrénologie nous dévoile, sont essentiellement réformatrices des habitudes intellectuelles et morales de l'homme et de la société; si ses révélations tendent directement à l'extirpation de toute espèce de préjugé relatif à la nature de l'homme, relatif aussi à ses devoirs, à ses droits, à ses espérances comme individu et comme sociétaire; si, disons-nous, les principes de la Phrénologie attaquent de front toutes les erreurs, toutes les injustices, tous les écarts de l'activité humaine, ils donnent aussi ce sage enseignement, qu'en toute chose la bienveillance et le respect, la prudence et la résignation, présidés par une raison éclairée, doivent guider toutes les pensées, tous les désirs, tous les actes de l'homme, et qu'obligés à tout attendre du temps, il n'est permis à personne, ni dans aucun cas, de dépasser les bornes d'un possible rationnel.

Au reste, la Belgique possède des lois plus libérales et plus avancées que tout autre pays. La liberté des cultes, la liberté d'enseignement, la liberté de la presse, sont autant de bienfaits capitaux qui distinguent sa constitution. La révision et partant l'amélioration progressive du pacte fondamental y est admise en principe. Ses législateurs, ses juges, sont les élus, les envoyés ou les réprésentants amovibles de la classe la plus instruite de la nation. *Les lois les plus importantes pour la Société, celles sur l'enseignement et les élections,* sont modifiables dans le sens voulu par la majorité, comme le sont toutes celles que l'on pourrait trouver injustes, erronées ou en contradiction ouverte avec l'esprit ou le besoin de l'époque; joignons à tant de libertés celle qui en est le corollaire indispensable; la liberté de pétition, qui, à notre avis, est la seule arme qu'on doive employer désormais pour obtenir toutes les réformes voulues, et nous aurons acquis la conviction que l'organisation politique de la Belgique ne permettrait, non plus que la Phrénologie, d'employer la violence ou la guerre pour atteindre un but civilisateur quelconque.

Nous n'étendrons pas davantage ce trop long manifeste. Confiant dans l'esprit et les sentiments élevés du public éclairé auquel nous nous adressons, nous osons espérer que la Phrénologie sera accueillie, comme elle mérite de l'être, avec cette satisfaction, cette joie qu'on éprouve en apprenant une heureuse nouvelle, et que, conseillère physique pour tout ce qui regarde l'activité

4.

humaine, pour tout ce qui touche aux droits et aux devoirs individuels et sociaux, politiques comme religieux, de l'homme et de l'humanité, elle sera consultée et écoutée par tous, à la moindre occasion et dans toutes les circonstances éventuelles d'action.

L'ouverture de notre Musée aura lieu par une séance explicative de la Phrénologie, qui sera renouvelée autant de fois que l'affluence du public le rendra nécessaire. Nous ne nous contenterons pas d'asseoir nos assertions sur les seules preuves matérielles que nous fournissent les diverses pièces de notre collection; des personnes vivantes, remarquables par une qualité ou un travers connu, nous serviront également pour démontrer la vérité et le mérite de la Nouvelle Science de l'homme.

Il sera donné incessamment des leçons particulières et des cours théori-pratiques de Phrénologie, où les principes de cette science seront exposés avec toute la simplicité dont ils sont susceptibles. En suivant notre méthode, 12 ou 15 leçons suffiront pour bien posséder la théorie; quant à la partie pratique, nous pourrons la faire connaître en peu de temps, tant au moyen des têtes, crânes et cerveaux de notre musée, qu'à l'aide des personnes vivantes, choisies à cet effet.

Des cours particuliers seront également ouverts pour les dames.

Tous les dimanches, de 9 jusqu'à 11 heures du matin, nous donnerons gratuitement des consultations phrénologiques en français ou en flamand, à la classe ouvrière comme à tous les individus non fortunés qui se présenteront à notre établissement. A chacun d'eux, il sera délivré un billet, qui portera les qualités et les défauts organiques que l'examen de leur personne nous aura fait connaître, ainsi que les conseils moraux que nous aurons cru propres à corriger leur caractère. Ceux qui présenteront une conformation cérébrale distinguée, et qui n'auraient pas atteint un âge trop avancé, seront recommandés par nous aux Dispensateurs des bourses, au Gouvernement ou à tout autre Autorité en état de les favoriser ou de leur faire apprendre l'art ou la science auxquels leur organisation les dispose avantageusement. Les individus dont l'organisation et la position nous inspireraient des craintes, seront l'objet d'une attention toute particulière de notre part. Si le temps nous le permet nous donnerons également des conseils ou avis phrénologiques aux parents qui voudront bien nous présenter leurs enfants de 10 à 17 ans environ.

Puisse notre entreprise, dépourvue de tout esprit d'intérêt et de vénalité, opérer le plus de bien et empêcher le plus de mal possible, et nous nous estimerons heureux de payer par là notre dette à l'humanité.

Barthel.

Des efforts actifs sont faits pour ~~constituer~~ la Fondation d'une Société Phrénologique, à l'instar de celles de Paris, Londres, Edimbourg, etc., destinée à la propagation, à l'étude progressive et à l'application sociale de la science.

Déjà quelques célébrités médicales sont enrôlées sous la bannière de la Nouvelle Anthropologie, et tout nous fait espérer que, des sommités scientifiques réunies, il résultera un faisceau assez puissant pour entraîner la Société dans le progrès et hâter la *moralisation* des hommes.

Le Musée de Phrénologie est mis à la disposition de la
Société, plusieurs journaux deviennent son organe et pu-
blient le rendu-compte de ses travaux.

FIN.

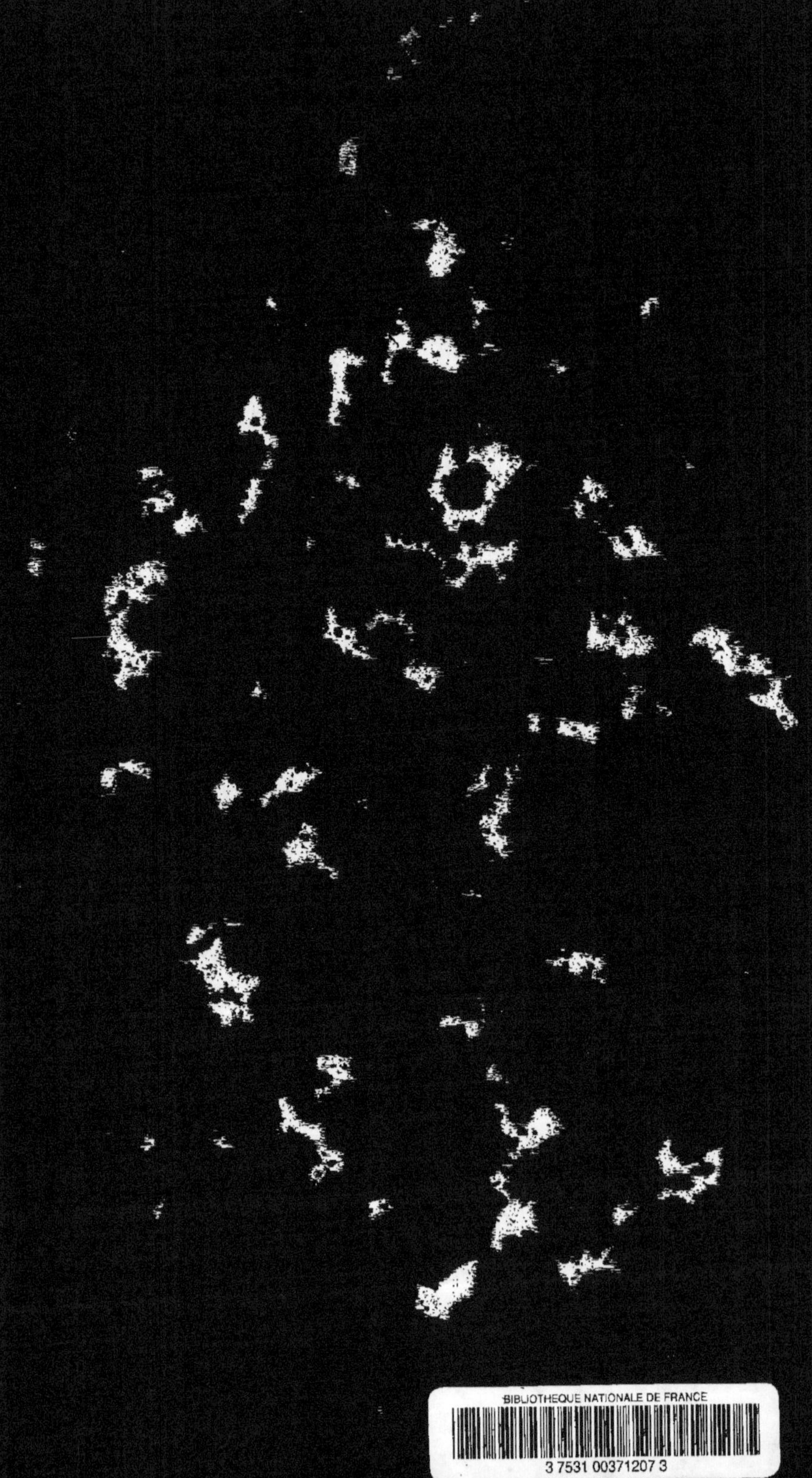